小牛顿

小小牛顿 科学启蒙 —大百科—

测量游戏真好玩

牛顿出版股份有限公司 / 编著

超酷的
科学实验

外语教学与研究出版社
北京

测量游戏真好玩

哈哈!
我比你高!

才怪,我是姐姐,
一定比你高。

 我不信！比比看就知道了。

 你踮脚，赖皮。
画到墙上再来比！

哇！姐，你比较高！

我们把手臂张开，
看谁的比较长。
嘿嘿！我跟你一样长！

这样不准，
还是画到墙上
再来比。

• 请剪下下方的纸条，量一量墙上两条
  线之间的距离，看看到底是谁的手臂
  张开比较长。

再来比谁的鞋子大。

看就知道啦！
还是我的鞋子大。

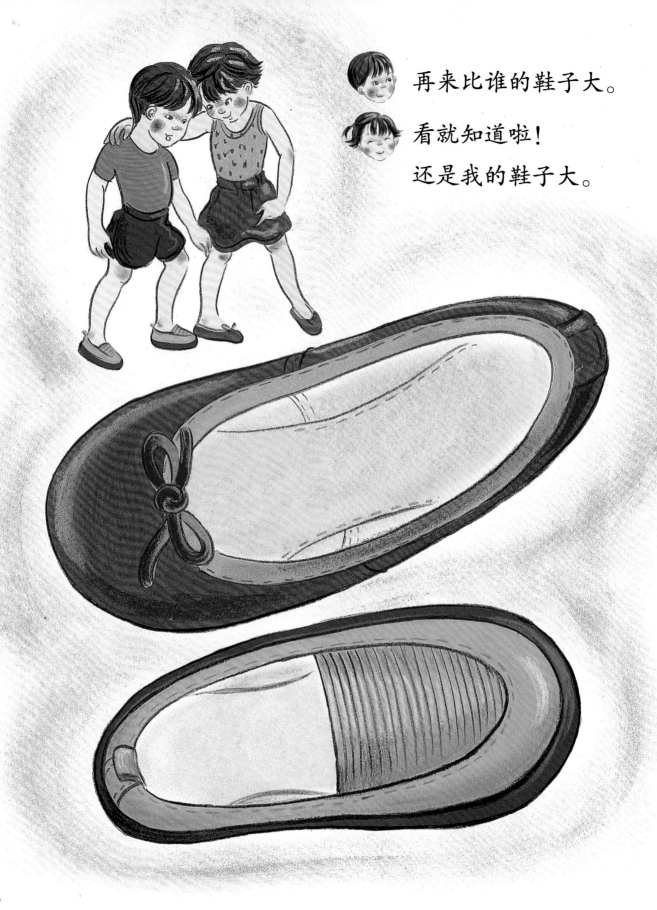

我们再比跨步。

 脚跟要靠在地毯的边缘哦!

- 剪下右侧两条脚步尺,每次选一条,
  分别量一量两个小朋友跨步的距离,
  看看谁跨得远、远多少。

再来比腰围吧！

怎么比呢？

想想看啊！

对了，用我的腰带量！

不行，你的腰带有
松紧设计，可以拉
长和缩短，这样量
起来不准。

 姐姐用的绳子

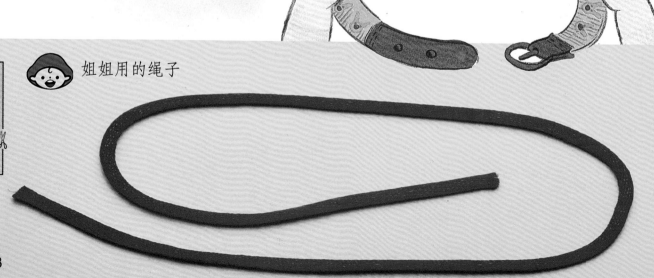

我想到了，可以用绳子量！

 我不要跟你一样，我要用回形针量。

• 请剪下左下方的回形针，在绳子上一个接一个做记号，或拿同
  样大小的回形针排成和绳子一样长，然后数一数两边的回形针
  数目，就能比出谁的腰粗了。

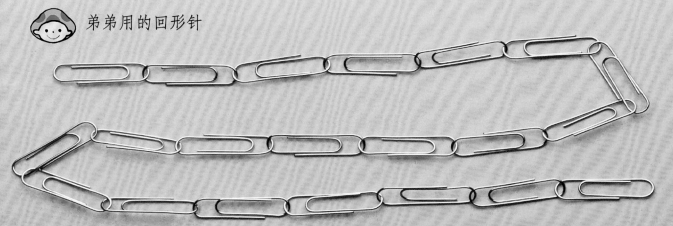

弟弟用的回形针

 姐，我还要比。

这次比什么呢？

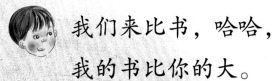 我们来比书，哈哈，
我的书比你的大。

 可是，我的书比你
的厚，这次平手。

10

姐，我还要比，
我的圆凳子椅面一定比你的大。

 比比看才知道。

• 可以用瓶盖排到椅面上，
 谁的椅子上放的瓶盖多，
 就是谁的椅子大。

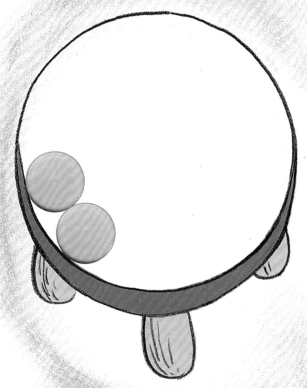

对了，昨天爸爸买给我们的巧克力，我还剩一大块，一定比你的大。

 比比看吧！

• 通过连接图中的圆点，画出一个个等大的正方形。数一数哪块巧克力包含的正方形多吧！

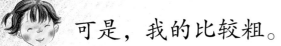

我还要比，比擀面杖。

嘿嘿，我的比较长。

可是，我的比较粗。

我们用自己的擀面杖来比一比擀面皮的技术吧！
比比看，谁擀的面皮比较大。

看上去应该是我的比较大。

用小杯子在面皮上面压圆饼，
看谁压的圆饼比较多，
就知道谁的面皮大了。

我们再来比床，用手量，我的床长边比较长。

 我要量量短的这一边有多长。

我的床，短的这一边比你的长。

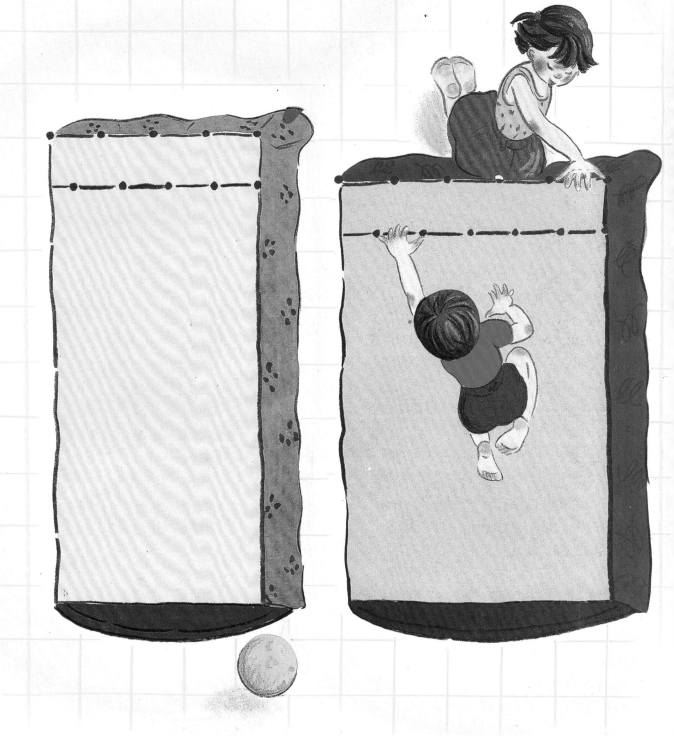

16

可我们的手也不一样长，还是不知道究竟谁的床大。

改用书本，比比
看，谁的床上放
的书比较多。

完成了，但是，
书本一样多，还
是比不出来！

数一数床盖住的地板瓷砖，就能比较出来了。

● 姐姐的床盖住的瓷砖数

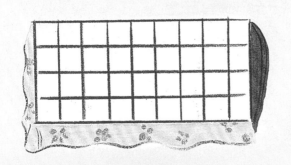

● 弟弟的床盖住的瓷砖数

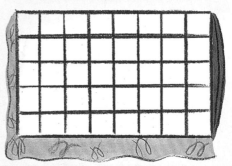

弟弟，你真爱比，再来比球拍好了。

比比看，哪个球拍比较大？

 圆圆的球拍，我不会比。

 数一数里面的方格子就知道了。

姐弟俩发现家里到处都有东西可以量一量、比一比，他们就这样又量又比，玩了一整天！

给父母的悄悄话:

"测量游戏"是从孩子的心理出发，探索高矮、长短、大小等相对概念，进而介绍测量长度及面积的简易方法。虽然与精准的测量尚有一段距离，却是为幼儿导入测量概念的重要起步方式。

在幼儿阶段，测量最主要的作用是在解决问题的过程中建立逻辑概念。测量的方法有目测、直接比较及借由基本单位的间接比较等，测量的内容有长度、面积、容积、温度、速度等。父母可以多设定一些测量问题让孩子动动脑也动动手，增加幼儿对测量的兴趣。

半夜想上厕所

小凡晚上喝了好多水，半夜想上厕所。

给父母的悄悄话：

　　5岁以前，孩子的神经系统发育还不够成熟，对膀胱的控制力不强，因此会发生尿床的情况。但如果5岁之后孩子还经常尿床，就要考虑是病理性或者心理性的问题了。为了预防这类情况的发生，家长可以让孩子在晚饭后少喝水，临睡前先上厕所，并及时疏导他们因为怕黑等原因不敢去厕所的情绪化问题，这也有助于培养孩子独立自主的习惯。

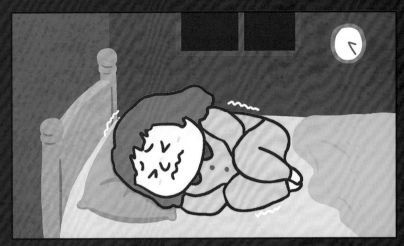

憋着，等天亮时再去吧！

摇醒爸妈，陪我去上厕所。

赶快起来上厕所。

紫色的蔬菜

茄子是我们常吃的紫色蔬菜，整棵植物长得矮矮的，开出的花多为淡紫色。我们常吃的茄子是植株的果实部分。

在茄子长到一定高度之后，农民就会把植株绑在小竹竿或木棍做的支架上，防止发生倒伏。

茄子花是星形的，它的枝条、叶片、花梗和花萼上都长有细细的绒毛，可以有效减少虫害。

茄子花谢了以后，子房慢慢膨大成果实。有些茄子的果实还没成熟前是绿色的，成熟后会变成紫色的。

茄子长得矮矮的，喜欢温度高而且阳光充足的环境，所以是夏天常见的蔬菜。

茄子的营养很丰富，多吃茄子可以增强抵抗力。

圆茄

茄子真轻啊！我一口气可以抱这么多。

给父母的悄悄话：

茄子的果实又肥又嫩，萼片与果身边界的白色部分品质最佳。茄子无论用哪种烹饪方式，都很美味。由于茄子的果肉中含有易氧化的物质（单宁），所以切开后很容易氧化、变黑，如果想要预防氧化，可以切开后直接泡在盐水里。

神奇的 水 透 镜

把塑料瓶装上水，就可以设计出神奇又有趣的水透镜。
小朋友们一起来，按照下面的步骤自己试试看吧！

① 准备塑料瓶，
贴上动物的
图案。

② 装大约半瓶水，再从塑料瓶看过
去，就可以发现动物下半身有水
的地方，动物图案被放大了。

③ 把瓶子倒过来，结果换动
物上半身图案变大了。

其他玩法：

杯子里有一只乌龟，把水倒进杯子里，乌龟看起来会变大，还是变小呢？

哇！乌龟变得好大哦！

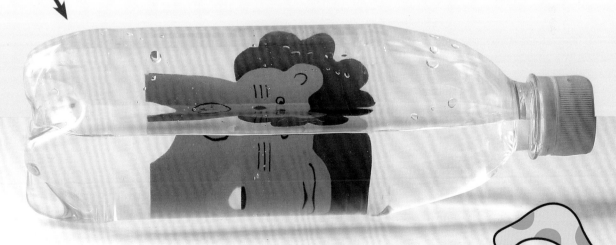

④ 把瓶子横着放，结果有水的半边变大啦！

神奇的水透镜，具有放大、折射的效果，可做出许多有趣的变形效果。

在纸卡上画出"猫追老鼠"的场景。

① 将纸卡放于水杯后，拉动它。

小老鼠会转身看向猫咪！

②

 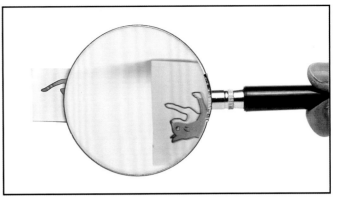

图案变化的原因：

装了水的塑料瓶和玻璃杯起到的效果类似放大镜。当图案距离瓶子或杯子较近的时候，图案就产生了放大的效果。当距离较远的时候，就会产生左右相反上下颠倒的情况。小朋友们也可以用放大镜试试看哦！

④

猫咪追过去的时候，身体变成两半了！它的头部像小老鼠刚才那样，也改变了方向。

③

给父母的悄悄话：

　　光由空气进到水里，行进的速度变慢，方向也有所改变，于是产生了折射现象，也因此使得水中的物体看起来发生了变化。家长可以引导孩子通过观察，比较水的折射现象带来的差异，也可以通过调整水与物体之间的距离，来比较不同情况下的有趣变化。

31

冲天树

哇！树竟然一直向上长到天上去了！

材料：

彩纸　　剪刀　　胶带　　铅笔

做法：

① 把彩纸从中间剪开，变成两个长方形，将长方形的长边剪出须边来。

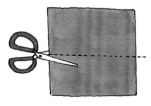

② 用胶带将所有剪好的长方形纸条的宽边相连，做成一个完整的长条。把铅笔放在中间，卷成直筒。卷好后用胶带固定。

③ 用手向外整理剪好的须边，然后一手抓住纸筒底端，一手向上拉，漂亮的冲天树就做好啦！

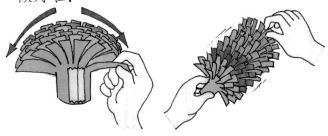

给父母的悄悄话：

　　除了彩纸，带有图案的广告纸、宣传单也可以再次利用。需要注意的是，纸卷不能卷太紧，不然不容易拉出来；也不能卷太松，不然容易回缩。

鸡妈妈找小鸡

小鸡和小鸭玩得好开心。

它们看起来都是毛茸茸的，鸡妈妈到底是怎么分辨出哪些是小鸡的呢？

比比看

嘴巴尖尖的　　　　　小鸡　　　　　脚掌没有蹼

嘴巴扁扁的　　　　　小鸭　　　　　脚掌有蹼

35

嘘

抓一抓就
不痒了。

学妈妈的样子整理羽毛。

小鸡爱学样

小鸡每天一睁眼，就开始跟着爸爸妈妈学本领。

用沙子洗澡，真干净。

渴了就要及时喝水。

好吃，
真好吃。

给父母的悄悄话：

　　这个单元先是通过简单比对，让孩子们了解小鸡和小鸭之间的差别，然后进一步介绍了小鸡的生活习性。如果有机会的话，家长可以带着孩子们去农场等地方实地观察一下鸡的外形和行为习惯，以便他们可以对鸡有更清晰的认知。

我爱读故事

兔子的大桌子

　　小兔子想要一张大桌子，它想在桌子上画画、看书。于是，它打电话从小猴子那里定做了一张桌子。

38

没问题。

39

过了几天，小兔子去爬山。回家前，它去了小猴子的店里，想看看自己的桌子是不是做好了。

可当小兔子看到桌子时，却吓了一大跳。

当小猴子伸开手臂量桌子长度时，
小兔子把棍子放在桌上，也伸开手臂量了起
来，这时小猴子才想到小兔子的手臂和它的不一
样长。

没关系，你这根棍子借给我，依照这个长度，我再做一张桌子。

猴子
家具店
欢迎光临

小猴子很快帮小兔子重做了一张桌子，小兔子很满意。可是小猴子想："还有什么方法，可以准确地知道客人需要的长度呢？"

小猴子想的解决方法：

● 准备很多长度一样的棍子，让客人带回去量。

● 请客人利用绳子量，并在需要的长度上打个结。

● 准备很多长长的纸条，量到需要的长度，就撕下来。

给父母的悄悄话：

　　这个故事的目的在于让孩子们理解，当每个人的参照物不同、对事物观察和认知的出发点不一样时，结果会出现很大的误差。父母可以引导孩子们发现误差产生的原因，并一起思考解决的方法，还可以利用日常的物品让孩子们练习测量。

狗尾草

　　在路旁、田野和河边经常可以看到狗尾草，有的狗尾草高度可以长到一米左右，甚至比许多幼儿园的小朋友还要高。它的叶子又细又长，就像是一把长长的剑，它的花穗和果穗外形长得很像狗的尾巴，所以才被称为"狗尾草"。狗尾草的果实很小，果穗随风摇摆，成熟之后的果实会被风吹走、落地生根，再长出新的狗尾草。

叶子

果实